图书在版编目（CIP）数据

原来我是这样思考的 /（意）卡洛·卡赞，（意）索尼娅·斯卡尔科著；黄鑫，万晟彤译 . -- 北京：中信出版社，2021.4
（天才大脑训练营）
ISBN 978-7-5217-2648-0

Ⅰ . ①原… Ⅱ . ①卡… ②索… ③黄… ④万… Ⅲ . ①思维训练－少儿读物 Ⅳ . ① B80-49

中国版本图书馆 CIP 数据核字 (2020) 第 259886 号

原来我是这样思考的
（天才大脑训练营）

著　　者：［意］卡洛·卡赞　［意］索尼娅·斯卡尔科
绘　　者：［意］伊尼亚齐奥·富尔盖苏
译　　者：黄鑫　万晟彤
出版发行：中信出版集团股份有限公司
（北京市朝阳区惠新东街甲4号富盛大厦2座　邮编　100029）
承 印 者：北京启航东方印刷有限公司

开　　本：787mm × 1092mm　1/16　　印　　张：4　　字　　数：100千字
版　　次：2021年4月第1版　　印　　次：2021年4月第1次印刷
京权图字：01-2021-7038
书　　号：ISBN 978-7-5217-2648-0
定　　价：32.00元

出　　品：中信儿童书店　　营销编辑：曹灵 郭慧
图书策划：火麒麟　　装帧设计：蔡璐
策划编辑：范萍 张倩　　内文排版：柒拾叁号工作室
责任编辑：邹绍荣

服务热线：400-600-8099
投稿邮箱：author@citicpub.com

原来我是这样思考的

天才大脑训练营

[意] 卡洛·卡赞　[意] 索尼娅·斯卡尔科　著
黄鑫 万晟彤 译

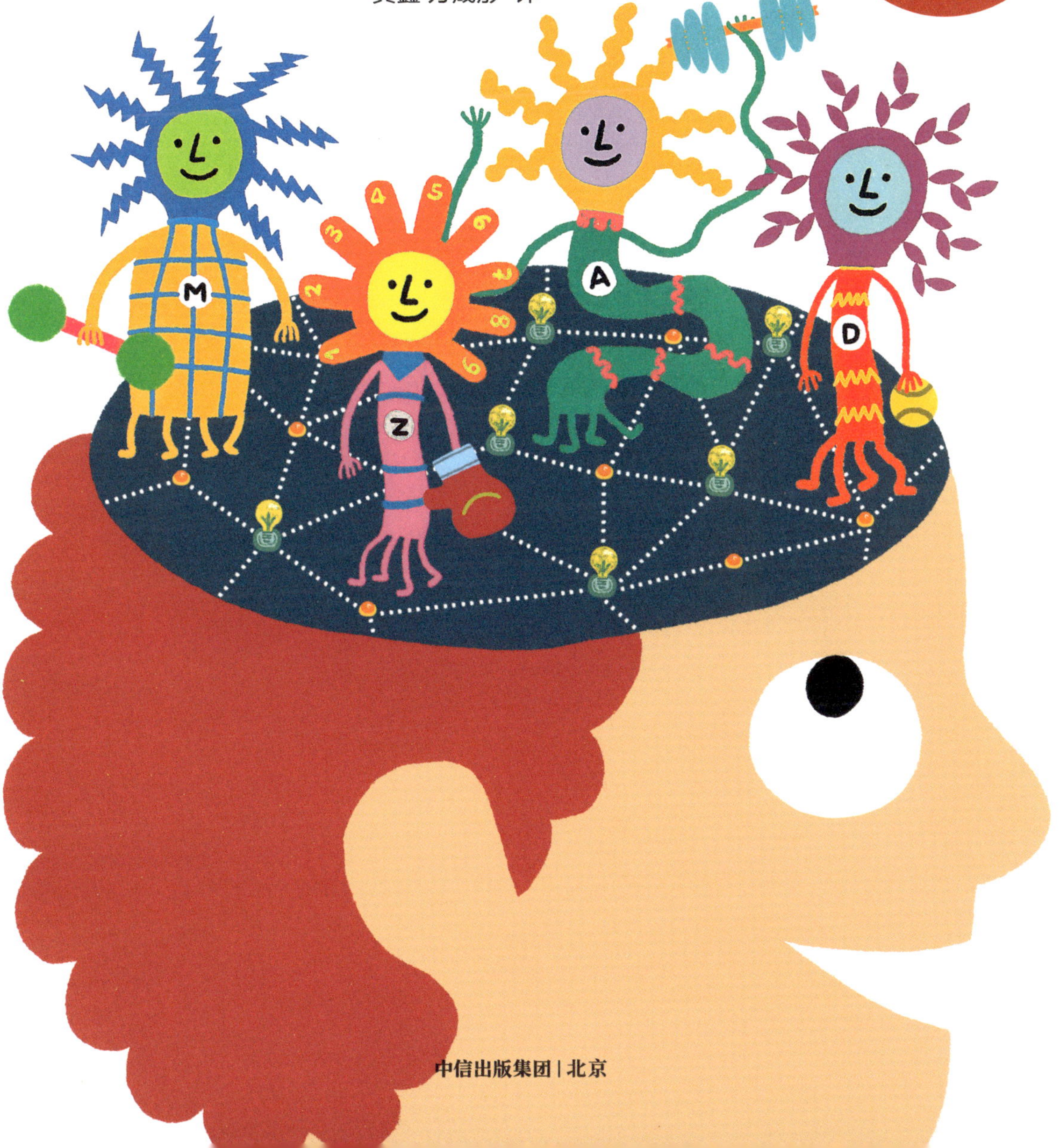

中信出版集团 | 北京

距离**“超级大脑大赛”**只剩下十天了，这是学校每年都会举办的一场脑力大赛。

小艾伯特第一次参加这个比赛。他一直梦想着拿第一名！实在是等不及啦！

今天，小艾伯特一大早就起来了。他必须把参赛报名表交给老师，可千万不能把这事儿给忘了！

但大事不妙！他找遍了房间的每个角落，甚至玩具消防车下面、棋盘游戏后面和背包里面，可就是怎么也找不到报名表。难道是妈妈把报名表拿走了吗？

“妈妈，你把那张写着**‘超级大脑大赛’**的报名表放在哪儿了呀？我找不到了！”他惊慌失措地大叫起来。

“我没拿呀，之前就在睡前故事书里夹着呢！”

你来帮助小艾伯特一起找找报名表吧！
没准儿可以在下面的东西里找到哟。
另外你能找到下图圆圈中的东西在哪儿吗？

小艾伯特还是没有找到报名表。在妈妈送他上学的路上，他很担心老师会因此批评他。

突然，他回想起老师曾经说过的话：“锻炼大脑非常重要，就如同人们锻炼身体一样！想要随时都能想起东西放在哪里，就要运用**记忆力**和**专注力**。”

就在这时，小艾伯特看到在一个建筑物的墙上有一张海报。

“妈妈，你看那张海报。那个大脑图形里写的是什么呀？”

“头脑训练体操馆！”

“看上去很像一个游乐场！”小艾伯特高声叫道。

“如果我去锻炼一下我的大脑，是不是就可以找到报名表了？”

“也许能行，今天下午咱们就去看看！”

这天下午，妈妈陪小艾伯特去了**头脑训练体操馆**。

“妈妈，那些闪个不停的灯是干什么的呀？” 小艾伯特指着门口处一个奇怪的屏幕问道。

“它们是**神经元**，是构成我们大脑神经系统的基本单位。它们之间相互连接，承担着收集、研究和传输信息的任务。”

“它们知道怎么找到我的报名表吗？”

“应该知道吧，你去找到那个进入头脑训练体操馆的正确按钮，然后去问问看。”

探索迷宫，快帮小艾伯特找到那个进入头脑训练体操馆的正确按钮吧。

你来挑战一下吧！

右半球

小艾伯特终于走进了头脑训练体操馆。

“我们的大脑真奇怪，竟然被分成了**两半儿**呢。”小艾伯特看着墙上的一幅巨型图说。

“我们的大脑被分为**右半球**和**左半球**。”一位正朝他走来的小伙子解释道，“每个半球的每一部分都**专门负责**一些特定的功能，我们的身体因此能够正常运转。

左半球

“每个大脑半球所控制的是我们身体的**另一侧**。也就是说，当你移动右手时，是左半球控制着它；而左眼所看到的景象则是由右半球记录下来的。”

小艾伯特听得入迷了。接着，这个小伙子自我介绍道：“我叫查理，是头脑训练体操馆的教练。我的任务就是帮助大家做一些非常有趣的游戏和活动，来把我们的大脑锻炼得更灵活。

“这里将为你揭开训练神经元的秘密。神经元就是为你的记忆、观察、计算、语言等能力提供支持的大脑细胞，它们每时每刻都在运作，让你能够做各种事情。

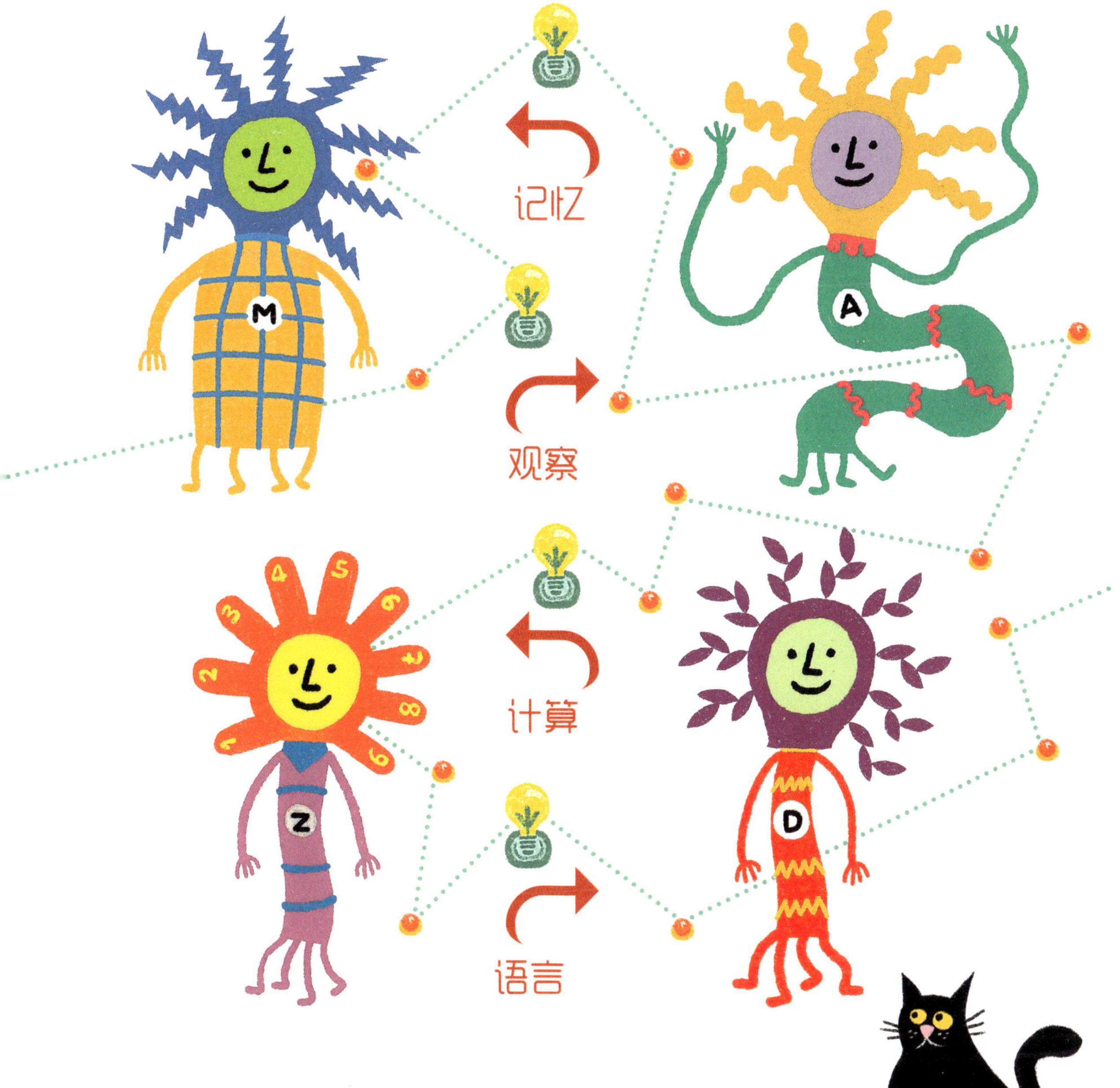

“这些信息你都可以理解吗？
“我能帮你做些什么吗？”

“我忘了把比赛报名表放在哪里了。你一定能帮我把它找回来吧！”小艾伯特充满期待地大声说道。

“当然可以啦！”查理回答道，“你看到大脑中黄色的部分了吗？在这里能遇见**记忆神经元队长**，你可以请他帮忙。”

你来挑战一下吧！

大脑的这一部分看起来像什么**动物**？

银鼠　蛇　海马　熊

查理继续说：“每次你玩游戏和记东西的时候，记忆神经元队长都会参加。现在，试着玩一个**记忆力游戏**吧！你很快就会知道啦！”

“记忆神经元队长，我不记得我把那张**‘超级大脑大赛’**的报名表放在哪里了，你能帮我吗？”

“没问题！”记忆神经元队长爽快地回答道，“有一个很有趣的游戏可以帮助你提高记忆力！你把大脑想象成一个有三排抽屉的柜子，每个抽屉里面都盛满记忆。每一次打开抽屉，你都会看到里面的东西，打开的次数越多，你就能记得越牢靠。你先试试这个吧！”

你来挑战一下吧！

帮助小艾伯特：观察下面这十张图片，

记住所有物体的颜色，

然后翻到第 20 页去玩游戏吧。

“这个游戏太好玩儿啦！谢谢记忆神经元队长。你再给我讲讲记忆力抽屉好吗？” 小艾伯特说道。

“在第一排抽屉里，你会发现近期记忆，这些是**感觉记忆（又称为瞬时记忆）**——那些你常常会忘记的记忆。”记忆神经元队长说，“那是因为你很少打开这些抽屉。就像你忘了你的报名表放在哪里了一样。

“在第二排抽屉里，你找到的是**短时记忆**——你已经在大脑里储存了一段时间，并且时常会使用的记忆，比如你朋友们的名字。

“在第三排抽屉里，你会看见**长时记忆**——那些是储存时间较长的记忆，比如你对爱人的回忆。”

小艾伯特若有所思，他问道：“如果有了长时记忆，我就永远不会忘记奶奶做的千层面有多好吃了，对吗？”

“对！”记忆神经元队长回答道，“尽情想象一下那个千层面的色、香、味吧！越具体你会越容易记住你喜欢的东西！”

“可是那些糟糕的记忆也会进入长时记忆的抽屉吗？我还清楚地记得我从椅子上摔下来的情景呢。”

“当然也会呀！这些记忆可以让你变得更加小心，以后就会主动远离危险了。”

你来挑战一下吧！

闭上眼睛，随意选中一种颜色，然后睁开眼睛，试着回忆一下第 18 页的哪些物品上有这种颜色呢？

一起来帮助小艾伯特记住他房间里面都有什么玩具吧。现在，你先翻到第 7 页，仔细观察一下。然后再看看这一页，回答下面的问题。

哪个玩具是多出来的呢？哪个玩具的位置被移动过了呢？哪个玩具的颜色不一样了呢？

“现在我准备好了，我要去找报名表了！”小艾伯特兴高采烈地说。

“别急，你还得再耐心等一下哟。”查理拦住了他，“你还需要去见见你大脑里其他的神经元**小队长们**呢。”

“一共有多少个队长呀？”

“总共有四个，你已经见过一个了。还有几个要见呀？”

“还有三个！”

“你太棒了！你刚刚完成了一则数学运算，**计算神经元队长**马上就到。”

你来帮小艾伯特调查下吧：

在头脑训练体操馆的架子上，摆放着很多东西。

大部分物品出现了三次，但有一种物品出现了两次，

另一种只出现了一次。

你能找到这两种物品分别是什么吗？

“我就知道你能做得很好。” 计算神经元队长开心地说，“我记得，你在很小的时候，就会**数数**了。”

“真的吗？可是，那个时候我还不会说话呀，我怎么能数数呢？”

“那个时候你确实还不认识数字，”计算神经元队长回答，“但你能分辨出数字‘1、2、3’的声音，这就有点像从1数到3了。我们来一起做个游戏吧！”

你来挑战一下吧！

你准备好帮助小艾伯特了吗？
下面有六个完全不一样的气球。
闭上眼睛，随便选中一个，
然后在下一页中你能找到多少个跟它一模一样的气球呢？

如果你想再玩一次的话，就再选个不一样的气球就好啦。

“不过，计算神经元队长，我还是不明白你打算怎么帮我找到报名表呢？”

“是这样的，正因为有我在，你才能够区分物体的**大小**、**形状**、**数量**和**位置**。并且我还可以帮你收集到很多其他信息，来解决一些小问题，比如你丢失的报名表。”

“那么，你能帮我回想一下我的报名表在哪儿吗？”小艾伯特提议。

“好呀！让我们试试在你的脑海中搜寻一下那张报名表吧。”

帮小艾伯特找找他的报名表吧，
它有以下几个特征：

1. 有两个太阳
2. 矩形
3. 黄色
4. 有一个帽子

“现在我们见一见**观察神经元队长**吧，他能帮助你探索和观察周围的世界！”查理又对小艾伯特说道。

小艾伯特转过身，看到一个神经元匆忙地在找东西，就问他：“嗨，你好！你在找什么呢？”

“嗨，你好！”神经元回答道，“我的帽子不见了，我正在用这个超级放大镜找呢。你能帮我找到它吗？”

你来挑战一下吧！

帮小艾伯特找到观察神经元队长的帽子。

下图中，每个放大镜里都有一种被放大了的物体，哪一个才是**观察神经元队长的帽子**呢？

找到帽子后，小艾伯特问他的新朋友：“我要去见观察神经元队长，你认识他吗？”

“当然啦！就是我呀！”

“我是探索与观察的专家。”观察神经元队长开始聊了起来。

“观察？我已经看得很清楚了！”小艾伯特打断了他。

“看和观察可是有很大区别的。观察指的是你在非常认真、仔细地看，就像你帮我找帽子的时候一样。”观察神经元队长说。

“这么说，你是视觉神经元？”

“不完全是，我能帮你更充分地运用大脑去探索世界。”

“什么意思呢？”

“和我一起玩个游戏吧，你很快就会明白啦。

“你来看，右边有一张地图，其中有一条绿色的路线。伸出你的一根手指放在这条路线的起点处，闭上一只眼睛，试着沿这条路线走到终点。怎么了？你遇到困难了吗？睁开眼，再试一次，看看是否有什么变化。

“我们的大脑可以储存图像，而且能**在看不到图像的情况下把它们复制出来**。现在，把两只眼睛都闭上，再来试一次。看看你是不是成功了？”

听从观察神经元队长的指示，

帮助小艾伯特来测试一下大脑的探索能力吧。

“你太棒了！你很快就可以自己去找报名表啦。” 观察神经元队长称赞道。

“在你走之前，请再教我一个找到报名表的小窍门吧！” 小艾伯特恳求道。

“我们的大脑能够分辨不同的形状。但通常情况下，人们很容易混淆那些看起来很相似的东西，我们来练习一下如何区分它们吧，这对你找到报名表非常有用哟。” 观察神经元队长说。

下图中总共有 8 种动物，
请你帮助小艾伯特为每一种动物找到属于自己的轮廓吧！
咦？怎么少了两种呢？是哪两种动物没有呢？

当观察神经元队长离开后，查理说了几句很让人摸不着头脑的话：

“当我经过的时候，
每个人都要脱帽致敬。
别害怕哟，
我的牙齿又不会咬你呀。
这是什么呀？

“这是个谜语！要想猜到答案，你就必须关注**语言**。现在，让**语言神经元队长**来帮帮你吧！”

你来挑战一下吧！

帮小艾伯特解开这个谜语吧：
答案就藏在下图中，谜底究竟是哪一个呢？

突然，一个神经元细胞出现在小艾伯特身旁，他说：“我是语言神经元队长！谁在找我呀？”

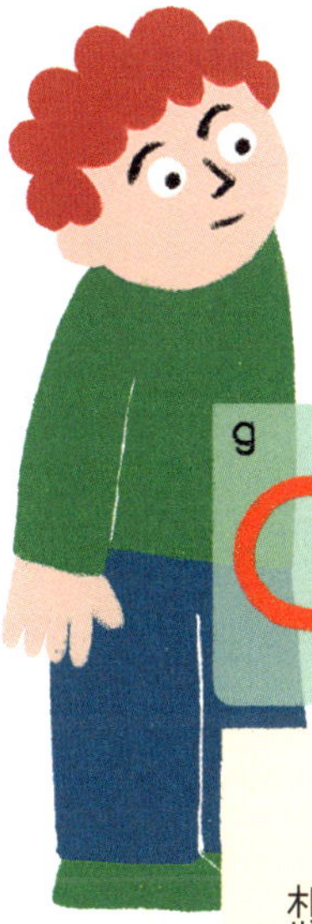

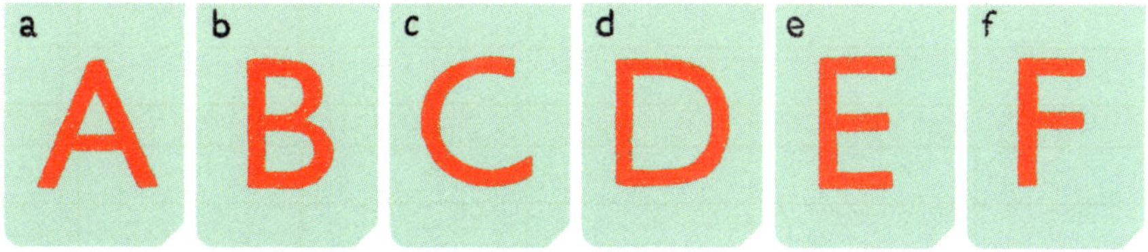

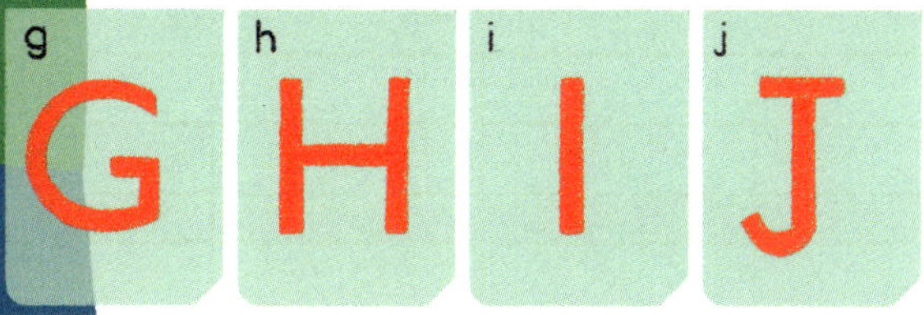

“是我！我是小艾伯特，我想……”

语言神经元队长打断了小艾伯特的话，他说：“我掌管**语言系统**，我总是讲个没完没了，一刻不停。其他几位队长已经把你和你报名表的事情都告诉我啦。”

“是的，事实上，我刚才就是想问你……”

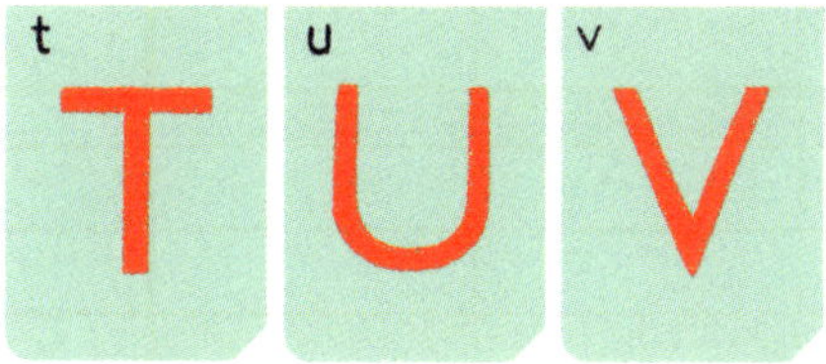

还没等小艾伯特说完，语言神经元队长又打断他说道：“你平时都玩什么游戏呢？你在学校都做些什么呢？你从来没参加过比赛吗？”

小艾伯特耐心地回答了语言神经元队长提出的所有问题，最后他终于问道：“语言神经元队长，怎样才能找到我的报名表呢？”

“我们可以先做个游戏，从你**说出**房间里每一样物品的**名字**开始。”

“为什么要玩这个呢？这能帮我找到报名表吗？”

“这个游戏可以帮助你更容易地记起你放报名表的地方。**大声重复**这些物品的名字，也会激活记忆神经元队长的神经元团队；我们经常合作，知道很多词语，我们会一起在你大脑的不同部位寻找它们。”

帮助小艾伯特找一找吧。
请你从下图左侧的颜色表中随意挑选一种颜色，
然后说出在另外三张场景图中找到的
包含这种颜色的所有物体。

“你还和其他神经元队长合作？”小艾伯特十分好奇地问道。

“当然啦，我们语言可以整合其他神经元细胞收集到的所有**信息**，这样你就可以跟别人交流了。”

“我们来啦，我们都准备好啦！”小艾伯特忽然看到记忆神经元队长、计算神经元队长和观察神经元队长都来了。

“现在，我们都到齐啦！”语言神经元队长说道，“你已经具备寻找报名表的所有条件啦。只是，你还要再做一个练习——讲故事。

请你从下图中选择 5 张图片，
帮小艾伯特编一个童话故事吧！先随便选中一张图片，
仔细观察一下，然后以这样的开头讲一个童话故事：
在很久很久以前……
然后再随意选出第二张图片，继续讲故事，
故事里都发生了什么呢？
别停呀，继续讲第三张图片，然后是第四张图片。
记住，当讲到第五张图片的时候，
你的童话故事就该结尾啦。

练习进行得很顺利，
我相信你已经准备好去找
超级大脑大赛的
报名表啦！
D
Z
A
M

你来帮小艾伯特一起找找吧!

要想找到那张报名表，
你必须完成接下来的游戏。

每一个游戏的答案，
会自动提示你要完成的
下一个游戏。

每一个游戏的答案
都能在这个小方框
里找到。

遇到困难的时候，你要多动动脑筋，
可以再往前翻翻，从错误中吸取经验，
再重新开始。

当你顺利通关所有游
戏的时候，你就能知
道小艾伯特把他的报
名表放在哪里了。

动物的脚印

你喜欢小动物吗？帮助小艾伯特**辨别**一下这些**脚印**吧，都是谁留下来的呢？**只有一种**脚印能把你带到那张报名表旁边哟。

往后翻几页，在小方框里找到这种小动物后继续玩。

这里少了什么呀？

让我们来打开这个大盒子，仔细**观察**一下。这里没有报名表，但是你要**记住**这里出现的每一样东西。好了，现在翻到下一页继续玩。

现在，这个盒子里面有六件东西，比前一页**多了一件，你知道是哪一件吗？**如果你记不清了，可以翻回去看看。

我猜，你已经知道是哪一件了，快翻到它出现在小方框里的那一页，继续游戏吧！

考考你的观察力

在这张纸上有一个图案，它出现了四次，你能找到它吗？也许它能帮你找到报名表哟！

然后，翻到它出现在小方框里的那一页继续游戏吧！

在背包里找一找是个好主意，
可是很遗憾，你没找到报名表。

现在，翻到小方框里有观察
神经元队长帽子的那一页，
选择另一张纸吧。

影子

现在你已经拥有所有能找到那张报名表需要的东西啦。仔细观察一下，为每个玩具找到对应的影子，**只有一个玩具没有影子，是哪一个呢？**

去小方框里找到这个玩具，
继续玩吧。

春天的小花

在回家的路上，小艾伯特采了一束花，仔细观察并**记住它们的颜色。**

翻到下一页，看看究竟需要做些什么。

哪朵花不见了呢?

它是什么颜色的?

如果你不记得了，就翻回去再看看。

现在你知道答案了吧，
翻到它出现在小方框里的那一页，
继续游戏吧。

大帽子

现在，请你帮小艾伯特在架子上找到观察神经元队长的帽子吧。记住，只有那种有三个尖儿的帽子才是他喜欢的哟。**你能找到哪几顶呢?**

翻到它出现在小方框里的那一页，继续游戏吧。

猜谜

你可以用记号笔做做笔记，这样更容易帮小艾伯特找到报名表。

看到这些卡片了吗，每个卡片上都写着一个词语的前半部分，**按照下面相应的图案**来把这些词语补充完整。

最后一个词，你得自己全部写出来，并且要与剩下的图案相对应哟。

树＿＿　　骰＿＿

恐＿＿　　月＿＿

绳＿＿　　＿＿＿＿

翻到剩下的这个图案出现在小方框里的那一页，继续游戏吧。

形状

寻找**形状**相同的物体，并数一数，它们分别有几个？哪种形状只出现了**一次**呢？

翻到它出现在小方框里的那一页，
继续游戏吧。

哎呀，很遗憾，你没找到那张报名表。

翻到“太空探索”那一页，选择另一种图案再继续试试吧。

盒子

你太棒了！你找到了小艾伯特的猫——汤姆，也许是它把报名表藏在了自己最喜欢的盒子里。把这些盒子从小到大排列整齐吧。最大的是哪一个呢？

翻到它出现在小方框里的那一页，继续游戏吧。

四种颜色

在小艾伯特的桌子上，你发现了一个笔记本，还有四支水彩笔。**仔细观察**它们都有哪些特征，然后翻到下一页继续玩吧。

以下哪些是**小艾伯特**桌子上的**水彩笔**呢？你记得是哪几支吗？如果你不记得了，可以翻回去再看看。

如果现在你确定好了，
那就快翻到它出现在小方框里的那一页，继续游戏吧。

散步

在晴朗的日子里，太适合和妈妈一起到公园里一边散步，一边讲故事了。请你把故事中出现的词语与相应的图案连起来。

小花	蜜蜂
天鹅	大树
小狗	青蛙
皮球	

只有一种图案没有对应的词语。**是哪一个呢？**

翻到它出现在小方框里的那一页，继续游戏吧。

太空探索

看到小艾伯特房间里的这张海报了吗？这里有两条线索可以帮助你，首先请你找到两个圆形的图案。

你找到了吗？把它们**画**在旁边。

从这两个图案中选出一个，

然后翻到它出现在小方框里的那一页，继续游戏吧！

太棒了！你找到报名表啦！原来它就在放积木的盒子里！

小艾伯特真的太粗心了，他怕把报名表弄丢了，就把它小心地放在了积木盒子里，然后他就忘记了！

积木

现在请你仔细**观察**下图的积木，

然后翻到下一页吧！

哪一块不见了？你还记得吗？如果你不记得了，可以翻回去再看看。

我猜你已经知道了！

翻到它出现在小方框里的那一页，继续游戏吧。

白雪公主

小艾伯特特别喜欢听童话故事，《白雪公主》是他最喜欢的故事之一。帮助他按照故事**发展的顺序**把这些卡片排列好。

这个故事是从哪一张卡片开始的呢？

翻到它出现在小方框里的那一页，然后继续游戏。

观察神经元队长的收藏品

谢谢你把我的帽子带来啦！

现在你能帮我整理一下我收藏的这些纸吗？

我经常用它们画藏宝图，而且我还喜欢收藏它们。

你先拿一个小盒子去收集十种不同的纸：糖果纸、巧克力纸、笔记本的纸、餐巾纸、卫生纸、装面包的纸袋、彩色卡片、纸板等等，然后**把它们从大到小排列起来。**

你更喜欢哪一种纸呢？

如果你更喜欢带小圆点儿的纸，翻到它出现在小方框里的那一页，继续游戏。

如果你更喜欢有格子的纸，翻到它出现在小方框里的那一页，继续游戏。

M
Z

“感谢神经元队长们！在我们的共同努力下，我终于找到‘超级大脑大赛’的报名表啦。”

答案

P. 7

P. 11

按钮 4

P. 16

海马。我们大脑的这一部分，因为形状像海马，所以被称为“海马体”。

P. 21

哪个玩具是多出来的呢？

小船

哪个玩具的位置被移动过了呢？

恐龙

哪个玩具的颜色不一样了呢？

直升机

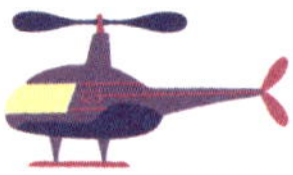

P. 23

出现两次

出现一次

P. 24-25

3　5　4

5　5　4

P. 27

P. 28

第 4 个

P. 33

狗和鸡

P. 34

梳子

P. 42

动物的脚印

能带我们找到报名表的是猫的脚印。

P. 43–44

这里少了什么呀？

球

P. 44

考考你的观察力

积木

P. 46

影子

积木盒子

P. 47–48

春天的小花

黄花不见了

P. 48

大帽子

P. 49

猜谜

树枝　骰子

恐龙　月亮

绳结　背包

P. 50

形状

书的矩形

P. 52

盒子

P. 53–54

四种颜色

粉红色、黄色、绿色和红色

P. 54

散步

自行车

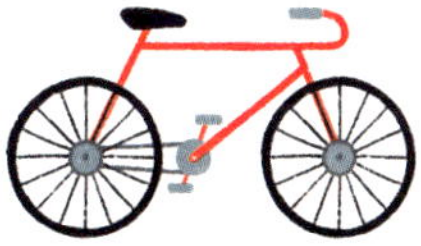

P. 55

太空探索

地球和太阳

P. 57–58

积木

红三角

P. 58

白雪公主